上海市工程建设规范

城镇排水管渠污泥处理工程技术标准

Standard for urban drainage sediment treatment engineering

DG/TJ 08—2457—2024

J 17879—2024

主编单位：上海市政工程设计研究总院(集团)有限公司
上海市排水管理事务中心
批准部门：上海市住房和城乡建设管理委员会
施行日期：2025 年 4 月 1 日

同济大学出版社

2025　上海

图书在版编目(CIP)数据

城镇排水管渠污泥处理工程技术标准/上海市政工程设计研究总院(集团)有限公司,上海市排水管理事务中心主编. --上海:同济大学出版社,2025.4.
ISBN 978-7-5765-1566-4

Ⅰ. TU992-65;X703-65

中国国家版本馆 CIP 数据核字第 20256E8E98 号

城镇排水管渠污泥处理工程技术标准

上海市政工程设计研究总院(集团)有限公司
上海市排水管理事务中心
主编

责任编辑 朱 勇
责任校对 徐逢乔
封面设计 陈益平

出版发行 同济大学出版社 www.tongjipress.com.cn
(地址:上海市四平路 1239 号 邮编:200092 电话:021-65985622)
经 销 全国各地新华书店
印 刷 常熟市华顺印刷有限公司
开 本 889mm×1194mm 1/32
印 张 1.375
字 数 34 000
版 次 2025 年 4 月第 1 版
印 次 2025 年 4 月第 1 次印刷
书 号 ISBN 978-7-5765-1566-4
定 价 20.00 元

上海市住房和城乡建设管理委员会文件

沪建标定〔2024〕508 号

上海市住房和城乡建设管理委员会关于批准《城镇排水管渠污泥处理工程技术标准》为上海市工程建设规范的通知

各有关单位：

由上海市政工程设计研究总院(集团)有限公司、上海市排水管理事务中心主编的《城镇排水管渠污泥处理工程技术标准》，经我委审核，现批准为上海市工程建设规范，统一编号为 DG/TJ 08—2457—2024，自 2025 年 4 月 1 日起实施。

本标准由上海市住房和城乡建设管理委员会负责管理，上海市政工程设计研究总院(集团)有限公司负责解释。

特此通知。

上海市住房和城乡建设管理委员会

2024 年 9 月 30 日

前　言

根据上海市住房和城乡建设管理委员会《关于印发〈2022 年上海市工程建设规范、建筑标准设计编制计划〉的通知》(沪建标定〔2021〕829 号)要求，由上海市政工程设计研究总院(集团)有限公司、上海市排水管理事务中心会同相关单位，经深入调查研究，认真总结实践经验，参考有关国内外先进标准和要求，并在广泛征求意见的基础上，编制本标准。

本标准共 6 章，主要内容包括：总则；术语；基本规定；设计；施工与验收；运行安全与管理。

各单位及相关人员在本标准执行过程中，如有意见或建议，请反馈至上海市水务局(地址：上海市江苏路 389 号；邮编：200050；E-mail：kjfzc@swj. shanghai. gov. cn)，上海市政工程设计研究总院(集团)有限公司(地址：上海市中山北二路 901 号；邮编：200092；E-mail：lichunju@smedi. com)，上海市建筑建材业市场管理总站(地址：上海市小木桥路 683 号；邮编：200032；E-mail：shgcbz@163. com)，以便修订时参考。

主 编 单 位：上海市政工程设计研究总院(集团)有限公司
上海市排水管理事务中心

参 编 单 位：上海市政工程设计科学研究所有限公司
宝武集团环境资源科技有限公司
三川德青科技有限公司
阳昕环保科技(上海)有限公司
上海市闵行区排水管理所
上海市松江区供排水管理所

主要起草人: 张　辰　谭学军　邹丽敏　王　捷　顾敏燕
段妮娜　梁珊珊　李春鞠　王　晖　姚　磊
顾　斌　姚伟荣　王栋毅　李　琪　王磊磊
杨　雪　王　盼　范新琪　赵水钎　柯　杭
李　臻　许文斌　张宏锦　韩成铁　王逸贤
袁　悦　金宁奔　陈益人　洪　涛　杨文滨
徐　兵　徐海林　孙　浩　任衍增　许欣平

主要审查人: 鞠春芳　杨殿海　黄　瑾　陈　华　张燕剑
程　炜　王　崇

上海市建筑建材业市场管理总站

目　次

Contents

1 总　则

1.0.1　为规范本市城镇排水管渠污泥处理工程的建设和运行管理，避免排水管渠污泥处理中的二次污染，实现排水管渠污泥无害化处理、安全处置和资源化利用，促进无废城市建设，制定本标准。

1.0.2　本标准适用于本市新建、扩建和改建的城镇排水管渠污泥处理工程的设计、施工与验收、运行安全与管理。

1.0.3　城镇排水管渠污泥处理工程应以实现减量化和无害化处理、安全处置、产物资源化利用为目标。

1.0.4　城镇排水管渠污泥处理工程除应符合本标准外，尚应符合国家、行业和本市现行有关标准的规定。

2 术　语

2.0.1　排水管渠污泥　drainage sediment

从排水管渠和附属构筑物、排水泵站、调蓄池、调蓄管道内清捞出的沉积物。

2.0.2　排水管渠污泥处理　drainage sediment treatment

采用预处理、多级分离或热解等工艺处理排水管渠污泥，实现减量化和无害化处理，并为资源化利用创造条件的过程。

2.0.3　预处理　pretreatment

通过筛分、脱水等方法，清除混杂在排水管渠污泥中的粗大垃圾，降低含水率，满足后续处理工艺要求的过程。

2.0.4　多级分离　multistage separation

采用淘洗、旋流、筛分、浮选等工艺，将排水管渠污泥中的有机质与无机颗粒分离的过程。

2.0.5　热解　pyrolysis

采用间接加热方式使排水管渠污泥中的水分和有机质受热挥发或气化，实现水分和有机质与无机颗粒分离的过程。

2.0.6　烧失量　loss on ignition

物料经103℃～105℃干燥至恒重后再经(950±50)℃灼烧1 h后减少的质量占灼烧前质量的百分数。

3 基本规定

3.0.1 排水管渠污泥处理工程的规模，应根据服务范围内的污泥产生量，结合设备运行时长等因素综合确定。

3.0.2 排水管渠污泥处理工程的选址应符合污水和污泥处理处置规划的要求，并应符合下列规定：

1 应满足排水管渠污泥处理的用水、能源和污水排放需求。

2 宜与城镇污水处理厂、排水泵站、垃圾中转站、垃圾焚烧厂、静脉产业园等设施合建或就近建设。

3 单独设置的排水管渠污泥处理工程建（构）筑物与住宅和公共建筑物的间距应满足规划、消防和环保的相关要求。

4 宜缩短排水管渠污泥运输距离。

5 宜规划预留远期扩建用地。

3.0.3 排水管渠污泥处理后应按照不同产物的性质进行资源化利用或安全处置，并应符合下列规定：

1 预处理产生的大块垃圾可进入环卫系统与生活垃圾一同处理处置。

2 无机颗粒宜与同类废弃物协同资源化利用。

3 有机质可单独进行焚烧或与垃圾、燃煤等协同焚烧。

4 设 计

4.1 一般规定

4.1.1 排水管渠污泥处理工程应根据后续处置或资源利用条件、经济性和现场条件等因素合理选择处理工艺。选择的工艺应具备无机颗粒与有机质分离功能。

4.1.2 排水管渠污泥处理工程的总体布置应符合下列规定：

1 污泥处理区与办公、值班和休息区应进行分离，办公区位置宜布置于夏季主导风向的上风侧。

2 污泥、污水、臭气、废气处理设施应分别集中布置，并应满足设备安装、运行、巡检、维护和检修的空间要求。

3 应预留场地和通道，满足车辆通行、人员通行、设备维护检修和应急处置的需求。

4 应设置汽车衡，单台最大称量值不应小于实际最大称量汽车满载时总重量的 1.2 倍。

5 应符合现行国家标准《工业企业总平面设计规范》GB 50187 和《建筑设计防火规范》GB 50016 的有关规定。

4.1.3 排水管渠污泥处理工程的高程布置应符合下列规定：

1 地坪应满足防洪和排水要求或有防止外部客水流入的措施。

2 建筑剖面高度应满足设备安装和检修起吊的竖向空间需求。

4.1.4 排水管渠污泥处理工程的电气系统设计应符合下列规定：

1 供电负荷应为三级负荷及以上。

2 现场控制柜应防水、防潮、防腐蚀。

3 采用热解工艺时，处于防爆分区内的电机、仪表和照明等电器设备应符合防爆要求。

4.1.5 排水管渠污泥处理工程应采用自动化控制。有毒有害气体易积聚处应设置有毒有害气体监测报警装置。当加热装置置于室内且使用燃气时，应设置可燃气体监测报警装置。

4.1.6 排水管渠污泥处理工程噪声控制应符合现行国家标准《工业企业厂界环境噪声排放标准》GB 12348 的有关规定。

4.1.7 排水管渠污泥处理工程臭气收集与处理系统的设计应符合国家现行相关标准的要求。当与污水厂合建时，应符合现行行业标准《城镇污水处理厂臭气处理技术规程》CJJ/T 243 的有关规定；当与泵站合建时，应符合现行上海市工程建设规范《城镇排水泵站设计标准》DGJ 08—22 的有关规定。处理后的排放值应符合现行上海市地方标准《恶臭（异味）污染物排放标准》DB31/1025 的有关规定。

4.2 多级分离工艺

4.2.1 排水管渠污泥多级分离工艺应包括预处理、污泥储存与输送、粗料分离、粗砂分离、轻质物料分离和细砂分离环节。

4.2.2 预处理环节应符合下列规定：

1 应具备大块垃圾筛除功能。

2 宜设置在卸料区。

3 格栅应具备防堵塞功能。

4.2.3 污泥储存与输送环节应符合下列规定：

1 储泥池设计应便于运输车辆的自卸倾倒，宜设置在独立密闭车间内，并宜设置快速启闭卷帘门。

2 储泥池容积不宜小于 1 d 的处理量。

3 储泥池应设溢流装置，并宜设滗水装置。

4 卸料区和储泥池应就近设置冲洗设施。

5 污泥可采用抓斗、机械螺旋等方式输送，输送设备应防腐、耐磨。

4.2.4 粗料分离环节宜采用淘洗、筛分等方式分离出 10 mm 以上的粗料垃圾。

4.2.5 粗砂分离环节宜采用旋流、淘洗、筛分等方式分离出粒径大于 0.2 mm 的粗砂。

4.2.6 轻质物料分离环节宜采用筛分、浮选、过滤等方式分离出轻质物料。

4.2.7 细砂分离环节宜采用水力旋流、沉淀、浓缩、脱水等方式分离出粒径小于 0.2 mm 的细砂。

4.2.8 多级分离工艺处理后无机颗粒的烧失量不宜高于 10%。

4.2.9 多级分离出的大块垃圾、粗料垃圾、粗砂、轻质物料、细砂应根据处置方式分类收集、存放和运输。

4.2.10 多级分离的清洗用水宜采用雨水、再生水等非常规水资源，清洗用水、储泥池溢流水和滗水、场地冲洗水应处理后循环利用，多余尾水可返回污水系统。

4.3 热解工艺

4.3.1 排水管渠污泥热解工艺应包括预处理、污泥储存与输送、热解、热解气处理、废水处理和烟气处理环节。

4.3.2 预处理环节的设计应符合下列规定：

1 应包括垃圾筛除、污泥脱水、泥饼破碎。

2 垃圾筛除宜采用洗涤、筛分等方式，应确保排水管渠污泥粒径满足脱水装置进泥要求。

3 排水管渠污泥脱水后含水率应小于 60%。

4 脱水泥饼应破碎至尺寸小于 50 mm。

4.3.3 污泥储存与输送环节的设计应符合下列规定：

1 储泥池容积不应小于1 d的处理量。

2 储泥池应设溢流装置，并宜设滗水装置。

3 污泥输送方式应根据输送物料的特性选择，湿污泥可采用抓斗、螺旋输送机等，热解后的无机颗粒可采用气力输送。输送设备应防腐、耐磨。

4.3.4 污泥热解环节的设计应符合下列规定：

1 进料应计量。

2 热解炉、加热装置等表面温度高于50℃的设备应采取保温隔热措施，并宜设置护栏。

3 热解炉应密闭，宜采用回转窑或螺旋推进式热解炉。

4 热解炉内温度宜为300℃～600℃，污泥停留时间宜为30 min～60 min。

5 热解产物应冷却后处置。

6 加热装置燃烧燃料产生的烟气宜进行余热回收利用。

4.3.5 热解气处理环节的设计应符合下列规定：

1 热解气应冷凝，冷凝后的温度应低于80℃。

2 热解气冷凝后的不凝气宜经除尘、除雾后回收利用。

4.3.6 热解工艺的废水处理应符合下列规定：

1 预处理阶段产生的压滤水和热解气冷凝产生的废水宜净化后回用。

2 废水排放应符合现行国家标准《污水综合排放标准》GB 8978、现行上海市地方标准《污水综合排放标准》DB31/199的有关规定，排入城镇下水道的还应符合现行国家标准《污水排入城镇下水道水质标准》GB/T 31962的有关规定。

4.3.7 热解工艺处理后无机颗粒的烧失量不宜高于6%。

4.3.8 烟气排放应符合现行上海市地方标准《大气污染物综合排放标准》DB31/933的有关规定。

4.3.9 热解工艺产生的废渣、废油等工业固体废物应按照固体废物属性鉴别结果分别处理处置。

5 施工与验收

5.1 施 工

5.1.1 施工单位应遵守国家和地方有关环境保护的法律、法规，采取有效措施控制施工现场的各种粉尘、废气、废水、固体废弃物、噪声、震动等对环境造成的污染和危害。

5.1.2 施工所需的材料和构配件应按进场批次进行检验，并应符合下列规定：

1 进场的设备与材料、构配件的品种、规格、数量应符合采购要求；合格证、质量证明文件、检验报告、技术资料等文件应齐全。

2 应进行现场质量检查，并应填写检查验收记录，取样进行试验，并出具试验报告单。材料检验合格方可进场。

5.1.3 现场配制的混凝土、砂浆、防腐和防水涂料等工程材料应进行检测，检测合格后方可使用。

5.1.4 施工过程质量控制应符合下列规定：

1 各分项工程施工完成后，应进行检验。

2 相关各分项工程之间，应进行交接检验。

3 隐蔽工程应在隐蔽前进行验收。

4 未经检验或验收不合格不得进行下道施工工序。

5.1.5 设备安装前，应对设备基础、预埋件、预留孔的位置、高程、尺寸等进行复核。

5.1.6 安装工程的施工应符合现行国家标准《机械设备安装工程施工及验收通用规范》GB 50231 的有关规定；爆炸和火灾环境中设备安装工程应符合现行国家标准《电气装置安装工程 爆炸

和火灾危险环境电气装置施工及验收规范》GB 50257 的有关规定。

5.1.7 整机安装的机械设备、机械设备的动力装置或传动机构不应在现场进行拆卸、装配和组装作业。规定在现场按部件组装的机械设备应按制造厂的定位标记做接点连接，连接精度应符合设备技术文件的规定。

5.1.8 在线检测仪表安装位置和方向应正确，不应少装、漏装。

5.1.9 控制柜应安装在干燥、光线充足、通风良好、操作维修方便、无强烈震动、无强电磁干扰、无有毒有害气体的地方。

5.2 验　收

5.2.1 排水管渠污泥处理工程的验收应符合现行国家标准《城镇污水处理厂工程质量验收规范》GB 50334、《建筑工程施工质量验收统一标准》GB 50300、《机械设备安装工程施工及验收通用规范》GB 50231、《工业金属管道工程施工规范》GB 50235 的有关规定；采用热解工艺时，还应符合现行国家标准《工业设备及管道绝热工程施工质量验收规范》GB 50185 的有关规定。

5.2.2 排水管渠污泥处理工程预验收时，应组织试车，试车时间不宜少于 7 d，设计负荷下连续运行时间不宜少于 72 h。

5.2.3 排水管渠污泥处理工程竣工验收前，应组织试运行，试运行时间不宜少于 90 d。试运行期间应按下列规定进行运行测试：

1 应至少连续 3 d 检测排水管渠污泥处理后的产物，分析指标和指标值应符合设计要求，指标值可采用 3 d 的平均值。

2 排水管渠污泥处理后产物的烧失量应符合本标准第 4.2.8 条和第 4.3.7 条的规定。

6　运行安全与管理

6.1　运行安全

6.1.1　运行管理人员和岗位操作人员应熟悉排水管渠污泥处理工艺、设施和设备的运行要求和技术指标。

6.1.2　运营单位应制定安全操作规程，操作人员应经运营单位培训合格方可上岗，并应严格按照安全操作规程执行。

6.1.3　运营单位应建立、健全安全生产风险分级管控和隐患排查治理制度，根据劳动安全相关法律、法规和现行国家标准《企业职工伤亡事故分类》GB/T 6441 的有关规定对危险源进行识别、分析，并采取相应的防护措施。

6.1.4　职业卫生防护设备、设施和用品配备应符合现行国家标准《个体防护装备配备　第 1 部分：总则》GB 39800.1 的有关规定。

6.1.5　储泥池、燃料储存区、热解区应严禁烟火，敞开式储泥池、水池、高温设备、燃料和化学品储存区域应设有防护设施和警示标志。

6.1.6　设备检修时，应设置警示标志，并应有专门人员监护。槽、罐类内部需进行人工维护修理时，应有通风措施。高温设备检修时，冷却至环境温度后检修人员方可进入。

6.1.7　工作人员进入受限空间或存在有毒有害气体场所进行作业时，应携带气体检测设备，并按相关规定穿戴相应的劳动保护用品，呼吸防护用品的选择应符合现行国家标准《呼吸防护用品的选择、使用与维护》GB/T 18664 要求，并应遵守有毒有害场所作业有关安全规定。

6.2 运行管理

6.2.1 运营单位应制定运行管理制度、岗位操作手册、设施设备维护保养手册、档案资料管理制度、事故应急处置预案，并应定期修订与演练。

6.2.2 排水管渠污泥处理工程应有专人运行和维护管理，各岗位运行操作和维护人员应经过专业培训后上岗。

6.2.3 采用多级分离工艺处理排水管渠污泥时，工程设备的使用和维护应按照设备操作手册执行，发现故障应立即排除。

6.2.4 采用热解工艺的排水管渠污泥处理工程应建立点检定修制度，不同设备应分别制定相应的点检定修内容、周期和标准。

6.2.5 采用热解工艺的排水管渠污泥处理工程应对热解产生的废水、废气定期开展自行检测，频率可为每月 1 次。

6.2.6 应做好日常运行情况和维护工作记录，并加强巡视，发现异常情况应及时处理。

6.2.7 排水管渠污泥处理工程运行过程中应做好相关运行数据、维修记录、运维资料和数据统计报表归档，并进行信息化管理。

本标准用词说明

1 为便于在执行本标准条文时区别对待，对要求严格程度不同的用词说明如下：

1）表示很严格，非这样做不可的用词：
正面词采用“必须”；
反面词采用“严禁”。

2）表示严格，在正常情况下均应这样做的用词：
正面词采用“应”；
反面词采用“不应”或“不得”。

3）表示允许稍有选择，在条件许可时首先应这样做的用词：
正面词采用“宜”；
反面词采用“不宜”。

4）表示有选择，在一定条件下可以这样做的用词，采用“可”。

2 条文中指明应按其他有关标准执行时的写法为“应符合……的规定”或“应按……执行”。

引用标准名录

1 《污水综合排放标准》GB 8978
2 《工业企业厂界环境噪声排放标准》GB 12348
3 《个体防护装备配备　第1部分:总则》GB 39800.1
4 《建筑设计防火规范》GB 50016
5 《工业设备及管道绝热工程施工质量验收规范》GB 50185
6 《工业企业总平面设计规范》GB 50187
7 《机械设备安装工程施工及验收通用规范》GB 50231
8 《工业金属管道工程施工规范》GB 50235
9 《建筑工程施工质量验收统一标准》GB 50300
10 《城镇污水处理厂工程质量验收规范》GB 50334
11 《企业职工伤亡事故分类》GB/T 6441
12 《呼吸防护用品的选择、使用与维护》GB/T 18664
13 《污水排入城镇下水道水质标准》GB/T 31962
14 《城镇污水处理厂臭气处理技术规程》CJJ/T 243
15 《城镇排水泵站设计标准》DGJ 08—22
16 《污水综合排放标准》DB31/199
17 《大气污染物综合排放标准》DB31/933
18 《恶臭(异味)污染物排放标准》DB31/1025

上海市工程建设规范

城镇排水管渠污泥处理工程技术标准

DG/TJ 08—2457—2024
J 17879—2024

条 文 说 明

2025　上海

目　次

Contents

1 总 则

1.0.1 排水管渠清淤保养是保障排水管渠发挥设计排水能力、控制排水水质的重要管理措施。2017—2022 年上海市管道保养率总体保持在 180%左右，清淤保养产生的管渠污泥年产量均达到了 10 万吨以上，如图 1 所示。

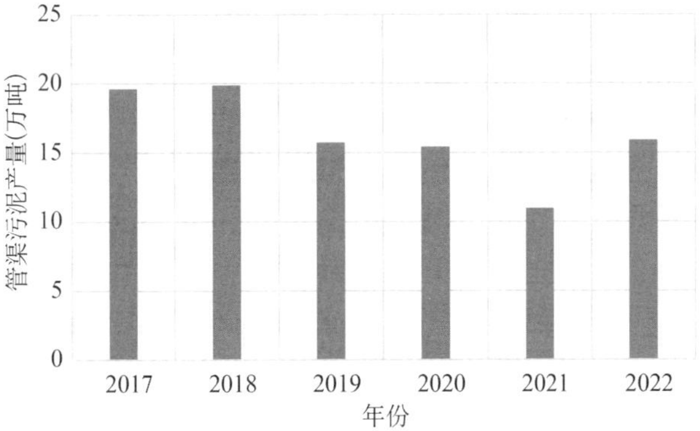

图 1 2017—2022 年上海市排水管渠污泥年产量

由于排水管渠分布广，清淤产生的污泥分散；而且管渠污泥泥质不同于污水处理厂污泥，有机质含量低、均质性差、杂质较多，难以同污水处理厂污泥协同处理。因此，国内外大多分散建设管渠污泥处理站，对排水管渠污泥进行减量化和无害化处理，为处理后产物的安全处置和资源化利用创造条件。

1.0.2 本标准中城镇排水管渠污泥处理工程的对象为市政、满足纳管要求的小区和企事业单位的排水管渠污泥。

1.0.3 管渠污泥的有机质含量为 10.8%～21.6%，剩余为无机颗粒(表 1)，主要为石英砂，组分以 Si、Ca 等氧化物为主(表 2)，管渠污泥处理需满足产物资源利用要求，将无法利用的大块杂质、有机质与无机颗粒进行分离，无机颗粒进行建材、工程利用，大块杂质和有机质进入环卫系统或通过焚烧等方式无害化处理并妥善处置。

表 1　不同来源管渠污泥有机质含量

管渠污泥类型	样品来源	有机质含量(%)
管道污泥	杨浦管渠污泥处理站	10.8
	闵行管渠污泥处理站	12.1
调蓄池污泥	蒙自调蓄池	21.6
泵站集水池污泥	西藏北路泵站	14.3

表 2　管渠污泥主要无机成分检测结果

指标名称	检测结果(%)
总铁	3.07
三氧化二铁	4.39
三氧化二铝	8.35
五氧化二磷	0.31
氧化钙	10.02
氧化镁	1.70
二氧化硅	47.79
氧化钾	1.66
氧化钠	0.98

1.0.4　排水管渠维护保养、疏通、管渠污泥处理等原则性要求可以参照现行国家标准《城乡排水工程项目规范》GB 55027。排水管渠污泥的清淤要求、疏通养护方式、质量标准、运输等相关要求可以参照现行行业标准《城镇排水管渠与泵站运行、维护及安全技术规程》CJJ 68。管道疏通和清掏作业相关安全要求可以参照现行行业标准《城镇排水管道维护安全技术规程》CJJ 6。

2 术　语

2.0.6 烧失量定义参照了行业标准《城镇污泥标准检验方法》CJ/T 221—2023 中烧失量的测试方法。

3 基本规定

3.0.1 根据排水管渠污泥处理工程服务范围内实际清掏的污泥量或规划污泥产量，并考虑排水管渠污泥处理工程的运行模式（比如以 250 d/a，8 h/d 计）和日变化系数，参考下式计算排水管渠污泥处理工程的设计规模：

$$Q = kM/t \tag{1}$$

式中：Q——城镇排水管渠污泥处理工程规模（t/d）；

M——城镇排水管渠污泥年产量（t/a）；

t——城镇排水管渠污泥处理工程计划年运行天数（d/a）；

k——日变化系数，综合考虑本区域最大日处理需求确定，一般取 1.2～1.5。

当设计服务范围内城镇管渠污泥年产量（M）无统计数据时，可根据设计服务范围所在行政区近 3 年相关数据并考虑变化趋势后估算后确定[式(2)]。

$$M = L \times q \tag{2}$$

式中：M——城镇排水管渠污泥年产量（t/a）；

q——排水管渠污泥产率系数（t/km·a），若无相应区域精准统计数据，可参考本行政区近 3 年统计数据；

L——设计区域范围排水管渠总长度（km）。

3.0.2 本条对排水管渠污泥处理工程的选址作出了规定。

1 当采用多级分离工艺处理排水管渠污泥时，选址需考虑工艺用水的稳定供给；当采用热解工艺时，需考虑能源的稳定供应。

2 排水管渠污泥处理工程与污水处理厂、排水泵站合建或就近建设，便于利用雨水、污水处理厂尾水或再生水作为工艺用水，也能共用臭气处理、供电、土建、水处理等设施；与垃圾中转站、垃圾焚烧厂、静脉产业园等合建或就近建设，便于产物处置。目前杨浦区管渠污泥处理站与垃圾中转站合建，管渠污泥中分离的大块垃圾和粗大物料等直接进入垃圾中转站与垃圾一同处置；长宁区田度基地管渠污泥处理设施建在田度废弃物综合处置中心（静脉产业园）内，实现废弃物协同处置；浦东川沙、周浦管渠污泥处理站与污水泵站共建，处理尾水通过污水泵站输送至污水处理厂进一步处理；松江管渠污泥处理站与污水处理厂共建，冲洗水可直接用污水处理厂尾水，管渠污泥处理后尾水可直接排入污水处理厂内。

3 为减少单独设置的排水管渠污泥处理工程建（构）筑物对住宅、基础教育设施、医院、养老院等建筑物的臭气、噪声等影响，需要控制排水管渠污泥处理工程与周边建筑间距。管渠污泥处理工程的储泥池和排水泵站的格栅间臭气散发问题相近，因此可参照《关于进一步加强本市公共排水泵站设施规划资源管理的工作意见》（沪规划资源规〔2020〕19）号的相关要求确定间距。

4 排水管渠污泥处理工程的选址要便于排水管渠污泥的运输。为了降低运输成本和二次污染风险，服务半径建议小于 10 km。

3.0.3 本条对排水管渠污泥处理后固相产物的资源利用或安全处置作出了规定。

2 城镇排水管渠污泥处理分离的粗砂和细砂等无机颗粒与河湖底泥分离无机产物、焚烧灰渣、建筑垃圾、工程泥浆等多源废弃物的性质具有相似性，因此可以协同处理，用于制砖或者生产铁质校正料混合料、路基材料等建材。所生产的建材须符合相应的产品要求。例如，当无机产物用于生产承重混凝土多孔砖、实心砖或非承重混凝土空心砖等建材时，其产品应符合现行国家标准《承重混凝土多孔砖》GB 25779、《混凝土实心砖》GB/T 21144、《非承重混凝土空心砖》GB/T 24492 的有关规定。

4 设 计

4.1 一般规定

4.1.1 管渠污泥中主要成分为无机颗粒，占固体比例约80%以上，为了便于无害化处置或者资源化利用，需采用物理筛洗或者热处理等手段将大部分无机颗粒分离出来。目前在上海，物理筛洗的典型工艺为多级分离工艺，热处理的典型工艺为热解工艺。

在工艺选择时，后续处置或资源利用条件是指后续处置途径和资源利用的衔接。多级分离需协调填埋、垃圾焚烧或者建材利用等处置出路，热解工艺较易形成闭环处置，可将管渠污泥一步到位处理为生产水泥熟料生产用的硅铁质混合料，进入建材市场资源利用。

在工艺选择时，经济性是指工程建设和运行成本。多级分离工艺建设成本低、工艺能耗低，工艺相对简单，对操作人员要求也低；热解工艺完全新建时往往成本较高，可以通过对废弃的工业窑炉进行改造实现，利用原有设施，降低改造成本。

在工艺选择时，现场条件是指供水和能源供给或者周边可以合建的设施情况等。多级分离工艺需要稳定的供水条件；热解工艺需要稳定的能源供给和污水处理条件。

4.1.2 本条对排水管渠污泥处理工程的总体布置作出了规定。

1 为了保障工作人员健康，处理区与办公区需分离，可通过增加隔断等方式实现。

2 污泥、污水、臭气、废气处理设施功能和维护管理要求不同，分别集中布置有利于管理。

3 车辆通行、人员通行、设备检修和应急处理对厂站内的通道和场地有相应的要求：车辆通行需考虑通道的宽度、转弯半径等；人员通行需要考虑安全性、便利性；设备检修、应急处理需考虑人员和设备进出通道、维修、操作场地。

4 为了量化管理，需在出入口设置汽车衡对排水管渠污泥处理前、处理后的各类产物的质量进行检测和记录。

4.1.4 本条对排水管渠污泥处理工程的电气系统设计作出了规定。

3 防爆要求参考现行国家标准《爆炸危险环境电力装置设计规范》GB 50058 的有关规定。

4.1.5 采用自动化控制可提高工作准确度和效率，减少人工操作，保障人员安全。在储泥池等区域设置甲烷、硫化氢等有毒有害气体监测与报警装置有利于保障人员安全。报警装置的设置要求可参考现行国家标准《石油化工可燃气体和有毒气体检测报警设计标准》GB/T 50493 的有关规定。

4.1.7 排水管渠污泥处理工程臭气主要来源于污泥卸料、储存、预处理、进料、分离工艺、污水处理等单元。臭气处理工艺需根据处理要求、场地情况、经济性和运行维护等因素综合确定，根据排放要求选用一种或多种组合，多种组合时应考虑不同工艺之间的衔接。排水管渠污泥处理工程的运行存在不连续的特点，除臭工艺和设备需要满足间歇式运行的要求，能够较为方便的启动和有效运行。

4.2 多级分离工艺

4.2.1 多级分离工艺是目前国内外主流的管渠污泥处理工艺，在德国、日本以及我国上海、北京、天津和武汉等城市广泛应用，常见工艺流程如图 2 所示。多级分离工艺一般通过预处理筛除大块杂质，使管渠污泥粒径满足后续处理工艺的要求；通过洗涤转鼓、清洗分离机等将粗料分离出来（粒径一般大于 10 mm）；通过旋流、洗砂装置等将粗砂分离出来(粒径一般为 0.2 mm～10 mm);粗砂分离后的污泥可通过浮选、筛分等方法将轻质物料分离出来;最后通过水力旋流等方法将细砂分离出来(粒径一般小于 0.2 mm);尾水可经沉淀处理后循环利用,多余尾水排入污水系统送至污水处理厂集中处理。最终实现将排水管渠污泥分离成几类颗粒大小较一致、成分相对单一的物料,分别进行处置或资源化利用。

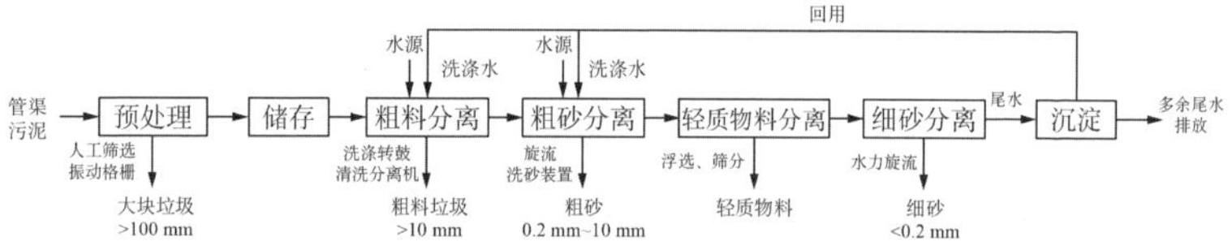

图 2　多级分离工艺流程

4.2.2　本条对排水管渠污泥多级分离处理工艺预处理环节的设计作出了规定。

1　一般而言,排水管渠污泥多级分离工艺设备进料尺寸上限为 100 mm。针对 100 mm 以上大块的分离,主要由人工和预处理格栅两步实现。部分大块垃圾在管道疏通现场由人工从排水管渠污泥分拣出来,进入环卫系统处置。排水管渠污泥运输至处理厂(站)后,通过卸料区格栅拦截,100 mm 以上大块垃圾留于格栅上方。

3　由于管渠污泥中含有多种不规则垃圾,容易导致格栅堵塞,因此格栅应具备防堵塞功能,可通过采用振动式格栅、增加栅渣刮除装置等方式实现。

4.2.3　本条对排水管渠污泥多级分离工艺污泥储存与输送环节的设计作出了规定。

1　便于卸料,并防止臭气和噪声外溢。

2　由于污泥运输是间歇的,运输车辆通常在 5 min 内便可完成物料自卸,如果不设置污泥储存池进行均衡进料,瞬间的冲击过大，容易对后续设备造成影响。因此，为保证排水管渠污泥稳定、均匀地进入处理设备，需设置储泥池。同时储泥池也可在设备突发故障或检修期间储存污泥，结合目前经验，设备故障后可通过管理手段暂停清淤，因此储存容积不宜小于 1 d 的处理量。

3 排水管渠污泥含水率较高，且卸料时格栅冲洗水混入储泥池，通过溢流或滗水可以进行初步的泥水分离，可以提高后续污泥处理效率。

5 管渠污泥具有一定腐蚀性，且所含石英砂等坚硬或尖锐物质易磨损设备，因此输送设备需防腐、耐磨。

4.2.4 粗料分离过程主要具有两方面功能：一方面是通过洗涤转鼓等设备进行淘洗，在转鼓旋转过程中加水淋洗，可将大颗粒与附着的有机质分离，也可将体积较大的泥块破碎，便于后续处理；另一方面，将经过淘洗后仍然在 10 mm 以上的粗料垃圾筛分出来。粗料包括石块、树枝、玻璃瓶、铁罐和布料等，一般进入环卫系统处置。

4.2.5 粗砂分离过程出料主要是 0.2 mm～10 mm 的粗砂，可作为建材的生产原料。分离粒径可根据资源化需求灵活调整。

4.2.6 粗砂分离后的残余固体，通过筛分、浮选、过滤等方式，分离出轻质物料，此部分主要为有机物料，热值高，可作为燃料棒的原料。

4.2.7 通过杨浦站、闵行站运行数据统计，0.2 mm 以下细砂约占产物总量的 9%（体积比），小于 0.2 mm 的细砂虽然量不大，但是经过洗砂器洗涤，有机质含量低（约 5%～14%），比重大，如果不分离返回污水系统，当污水流速减慢时，会快速沉积，极易造成管道堵塞，或者沉积在检查井、泵站前池或污水处理构筑物中。

4.2.8 无机颗粒烧失量体现了排水管渠污泥有机质与无机颗粒分离的效果，为满足后续进行建材或工程利用的要求，同时考虑不同工艺的实际分离能力，规定多级分离工艺无机产物烧失量不宜高于 10%。

调研采用多级分离工艺的闵行区都庄路管渠污泥处理站和嘉定区大众管渠污泥处理站分离产物的烧失量如表 3 所示。

表 3　排水管渠污泥处理站产物烧失量

处理站名称	工艺	分离产物	烧失量(%)
闵行区都庄路通沟污泥处理站	多级分离	粗砂	8.86
		细砂	8.07
嘉定区大众管渠污泥处理站	多级分离	粗砂	9.67

4.2.10　非常规水资源一般包括雨水泵站和雨水调蓄池等中积存的雨水、再生水等。多级分离清洗用水量为处理量的 20 倍～30 倍，清洗水直接排放污水管网会对管网带来一定的冲击，应沉淀处理后循环利用，降低排放量，同时也能减少下游排水管道的沉积。当排水管渠污泥处理工程与污水处理厂合建时，可不单独处理清洗水，将其排入污水处理厂处理。

4.3　热解工艺

4.3.1　热解工艺的处理流程如图 3 所示。预处理使管渠污泥粒径、含水率满足热解工艺要求，污泥储存前的预处理环节主要筛

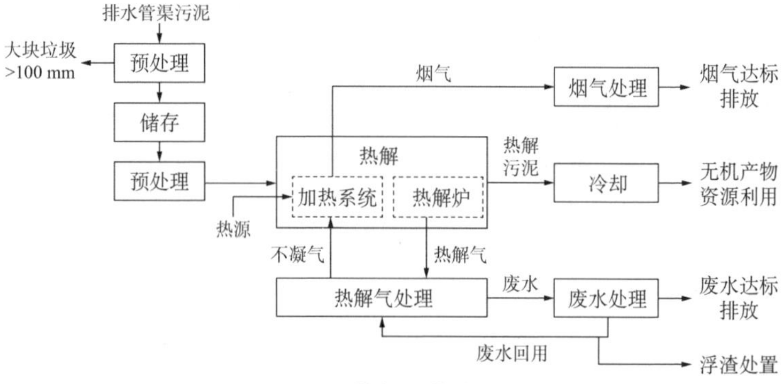

图 3　热解工艺流程

除 100 mm 以上大块垃圾，储存后的预处理环节主要进行粒径筛分、脱水、泥饼破碎。热解过程中，管渠污泥中有机质裂解气化，以热解气的形式排出，实现有机质与无机颗粒的分离，分离出的无机颗粒进行后续资源化利用。热解气冷凝产生的废水处理达标后排放，热解产生的烟气处理达标后排放。

4.3.2 本条对排水管渠污泥热解处理工艺预处理环节的设计作出了规定。

2 垃圾筛除主要将排水管渠污泥中不满足脱水装置粒径要求的成分去除以便进行下一步脱水，现有实例一般通过洗涤和多次筛分等方式筛除 3 mm 以上杂质。满足粒径要求的物料进入脱水环节，不满足粒径要求的筛上物进入垃圾处置环节。脱水后的泥饼需要经过破碎，满足入热解炉要求。

3 排水管渠污泥脱水至含水率 60%以下有利于提高后续热解效率和降低热解过程能耗。

4 排水管渠污泥采用板框压滤机脱水后往往以大块泥饼形式存在，不利于后续热解，可以采用旋切式污泥破碎机破碎泥饼。

4.3.3 本条对排水管渠污泥热解处理工艺污泥储存与输送环节的设计作出了规定。

2 排水管渠污泥含水率较高，且卸料时格栅冲洗水易混入储泥池，通过溢流或滗水可以进行初步的泥水分离，可以提高污泥处理效率。

3 不同环节采用的输送方式不同，预处理与进料环节的输送装置一般采用污泥抓斗和螺旋输送机，热解设备的输送装置一般采用刮板机，热解后的粉料输送至筒仓一般采用气力输送装置。

4.3.4 本条对排水管渠污泥热解处理工艺热解环节的设计作出了规定。

1 料仓的设置主要是起到缓冲作用、保证进料稳定，还起到料封的作用。进料计量装置可实现进料量的控制，满足设计负荷要求。

2 热解炉、加热装置等表面温度高于50℃的设备需采取保温隔热措施，一方面防止热量损失，另一方面防止人员烫伤。

5 冷却工艺主要有直接冷却和间接冷却两种方式。直接冷却采用水喷淋的方式使热解处理产物降温，兼有抑尘作用，但增加产物含水率，不利于后续资源利用。间接冷却常采用夹套螺旋输送机或冷渣机等间接冷却设备降温至100℃以下。间接冷却能确保热解产物成分不受污染，便于储运及后续加工利用，因此建议采用间接冷却方式。

6 燃烧产生的烟气在500℃左右，通常使用烟气换热器回收余热，用于加热助燃空气。

4.3.5 热解气处理包括冷凝和不凝气净化。热解气冷凝可通过直接或间接换热的方式，进行一级或多级冷凝。直接换热工艺多采用喷淋设备，间接换热多采用管式换热器等设备。热解气冷凝温度需控制在80℃以下，以保证水蒸气和大部分有机质的冷凝。不凝气主要为CO、CH_4、H_2等可燃气和水蒸气，一般通过折流板或丝网捕雾器等净化去除携带的粉尘和水分，净化后的不凝气还可以作为热解设备的补充燃料回收利用。

4.3.6 本条对排水管渠污泥热解处理工艺的废水处理作出了规定。

1 压滤水可直接作为前道加药均质的补水，热解气冷凝环节产生的热解废水通过沉降工艺，例如隔油沉淀池等，分离热解废水中的浮渣，净化后可用作热解气处理环节的冷凝喷淋水。

4.3.7 无机颗粒烧失量体现了排水管渠污泥有机质与无机颗粒分离的效果，为满足后续进行建材或工程利用的要求，热解工艺无机产物烧失量不宜高于6%。上海市宝武管渠污泥处理站采用热解工艺，分离产物的烧失量为5.16%。

4.3.8 烟气主要来源于加热系统中燃料燃烧和热解气回用燃烧，烟气净化方式需根据实际排放情况进行选择，必要时进行脱硫、脱硝或除尘处理，达到排放要求。

4.3.9 通过现行国家标准《危险废物鉴别标准 通则》GB 5085.7等对热解工艺产生的固体废物进行属性鉴别，鉴别结果分为一般工业固体废物和危险废物等，按照鉴别结果依照生态环境部门管理要求进行处理处置。

5 施工与验收

5.2 验 收

5.2.2 为了保证排水管渠污泥处理工程稳定运行并达到设计要求，工程交工验收前，须进行试运行以验证设备稳定运行情况和处理负荷的可达性，满足要求后方可交工验收，由运营单位进行后续试运行和正常运营工作。

6 运行安全与管理

6.1 运行安全

6.1.4 排水管渠污泥处理工程内须配备更衣、清洁等生活卫生设施，以及工作服、防护鞋、手套、口罩等常规防护用品，并按岗位需求配备相应的防护设备和用品，例如为污泥储存区域工作人员配备防护口罩，为高温设备区域工作人员配备高温防护用具等。

6.2 运行管理

6.2.7 应归档及信息化管理的数据包括来泥泥量数据、来泥泥质数据（若有）、各工艺环节产物品质检测（若有）、处置量及出路、材料消耗、库存和备品备件信息、巡检、交班、维修、故障记录等数据，形成工作台账，定期形成数据统计报表，上报至主管部门和上传至信息化平台。